野生动物大探秘

林地动物探秘

[英] 北巡出版社 ◎ 编
张琨 ◎ 译

甘肃科学技术出版社

图书在版编目（CIP）数据

林地动物探秘 / 北巡出版社编 ; 张琨译. -- 兰州 : 甘肃科学技术出版社, 2019.12
ISBN 978-7-5424-2735-9

Ⅰ. ①林… Ⅱ. ①北… ②张… Ⅲ. ①森林动物－儿童读物 Ⅳ. ①Q95-49

中国版本图书馆CIP数据核字(2020)第013551号

林地动物探秘

[英] 北巡出版社 编
张琨 译

责任编辑 杨丽丽
编　　辑 贺彦龙

出　版 甘肃科学技术出版社
社　址 兰州市读者大道568号 730030
网　址 www.gskejipress.com
电　话 0931-8125103（编辑部）0931-8773237（发行部）
京东官方旗舰店 https://mall.jd.com/index-655807.html

发　行 甘肃科学技术出版社　　印　刷 凯德印刷（天津）有限公司
开　本 889mm×1194mm 1/16　　印　张 3　　字　数 50千
版　次 2020年10月第1版 2020年10月第1次印刷
书　号 ISBN 978-7-5424-2735-9
定　价 48.00元

目录

林地动物探秘

林地是什么？

林地是一片长满了各种树木、灌木、蕨类植物和苔藓的地方。林地里生活着各种各样的动物，它们的数量取决于在林地中发现的植物的多样性。

林地是什么？

林地是由不同高度的植物组成的。有些参天大树长着开阔的树冠，阳光可以穿透进来。事实上，能够穿过树冠，直达林地表面的光照量决定了能在那里生长的植物的种类。当充足的阳光穿透林地，到达地表，那里就会生长出许多植物，包括蕨类和草本植物，如蓝铃花、木海葵和报春花，以及苔藓、蕨类和地衣。林地也有不同的类型，有些林地基本上就是草原，而有些则是灌木林和稀疏的树林。

◀ 蓝铃花是以其盛开的铃铛形蓝色花朵而命名的。

林地、森林和雨林

尽管它们在图片上看起来很相似，但林地和森林完全不同。在森林中，树木和植被的覆盖密度要比林地高。森林主要有两种：北方森林和热带雨林。北方森林更为常见，几乎占世界森林总面积的三分之一。松树和云杉之类的树在北方森林中很常见。与林地不同，热带雨林地面上的植被通常很少，这是因为大树的树冠阻挡了阳光的照射，阻止了植物的生长。与林地相比，森林也是更多动物的家园。

▼ 蓝铃花在春季的四五月开花，它的花朵为林地铺上了蓝色的地毯。

林地的种类

除了南极洲之外，几乎所有大陆都有不同种类的林地。

林地的种类

林地主要可分为针叶林和阔叶林两种。针叶林主要由针叶树组成。针叶树是圆锥形的，它们也被称为“常青树”，因为这些树并不是每年落叶一次，而是全年常青。阔叶林的树木有着各种形状和大小的树叶。大多数的阔叶林属于落叶乔木，它们在秋天落叶，在春天长出新叶。

欧洲林地

在欧洲，由于土壤、气候和海拔的不同，生长着不同种类的林地。欧洲的林地通常由阔叶树和针叶树混合而成。阔叶林由橡树、山毛榉、白桦和赤杨林地组成。针叶林的范围较小，主要由苏格兰松、杜松和紫杉林地组成。

◀针叶林常见于寒冷地区。圆锥形的树木形状能帮助雪从树枝上落下，而不会停留在树上。

大山雀是一种鸣鸟，在春天和夏天的林地中，有它的歌声回荡。

结构和高度

林地中有不同高度的植物。林地和雨林一样，也可以由不同高度的植物分成不同的层级，其中包括冠层、林下叶层、草本层和地被层。树木的顶端组成了冠层；林下叶层由较小的树木组成；草本层由草、蕨类植物和灌木组成，它们为这片区域带来真正森林的感觉；地被层由苔藓、地衣和常春藤组成。林地的各种高度也使它成为许多动物和昆虫的家园。厚厚的冠层是秃鹫和苍鹭这些大型鸟类的家，春天新生长的树叶为毛毛虫和其他昆虫提供食物。大量的毛毛虫是大山雀这些鸟类的食物。草本层和地被层是体形更小的动物，以及啮齿类动物的家。

橡树在阔叶林中很常见。阔叶林主要分布在温带地区，那里的冬天不会太寒冷。

棕　熊

在森林和林地中都会发现棕熊的身影。棕熊有许多亚种，灰熊是其中之一。棕熊是芬兰的国宝动物！

大熊！

棕熊的体长可达2.1米，体重可达680千克。雌熊要比雄熊体形小得多。虽然这些熊被称为棕熊，但是它们的颜色可大不相同，从黑色、棕色，一直到金色！它们的后背上有个鼓包，口鼻处很长。尽管它们体形巨大，却能飞快奔跑，速度有时候超过56千米/小时！

丰盛的食谱

棕熊是杂食动物。它们吃植物、树根、浆果、真菌、鱼、小型哺乳动物和昆虫。它们用锋利的长爪子把植物的根或小昆虫挖出来，它们锋利而有力的犬齿，能直接咬住猎物的脖子，并将其杀死。棕熊是投机取巧的进食者，几乎什么都吃，甚至包括人类的垃圾！棕熊还是夜行动物，它们在夜晚猎食，白天休息。

◀ 棕熊是体形巨大的动物。不过尽管它体形很大，奔跑起来却很快。

睡美人

棕熊在夏天很活跃。它会在这段时间里吃很多东西，增加体重，在体内储存脂肪。冬天可以吃的食物少了，棕熊就会靠体内储存的脂肪过冬。正是这个原因，棕熊喜欢在寒冷的冬季睡大觉。这种睡眠被称为冬眠。棕熊至少会冬眠5个月。在这段时间里，棕熊不吃东西，也不排泄废物！不过，与那些真正的冬眠者不同，棕熊很容易从冬眠中被唤醒。

动物档案

灰熊

体　　长：1.8 ~ 2 米

体　　重：130 ~ 360 千克

寿　　命：约28 年

天　　敌：狼、狮子和其他熊

饮　　食：水果、树根、昆虫和鱼

保护状况：低危

估计数量：55 000 只

◀ 灰熊是棕熊的一种，它非常喜欢吃鱼。在鲑鱼产卵的过程中，灰熊会在溪流边等待，静候鲑鱼的到来。

欧洲野牛

欧洲野牛是欧洲最大、最重的陆地动物。它曾经出没于从不列颠群岛到欧洲大陆，直至西伯利亚的温带落叶林地。欧洲野牛是一种濒危物种，在15世纪左右就濒临灭绝。

▲ 在交配季节，雄性的欧洲野牛用它的牛角与其他雄性野牛搏斗。

毛发和牛角

欧洲野牛比美国野牛体形小，但比美国野牛腿长。它脖子后面的毛发相对较短，这使得它看起来要比美国表亲小很多。雄性野牛要比雌性野牛体形大，它们长着浓密的棕色鬃毛，这些鬃毛覆盖着它们的头部、颈部和前腿。欧洲野牛披着一身乱蓬蓬的毛发，它们会在秋天生长出更厚的深褐色毛发，为寒冷的冬天做好准备。夏天，欧洲野牛的毛发会变成浅棕色。雄性和雌性欧洲野牛都长着短牛角。雄性的牛角向内弯曲，雌性的牛角则是直的。

口渴的流浪汉

欧洲野牛喜欢生活在森林里，它们以树叶、树枝、嫩芽和浆果为食。这种动物整日都很活跃，尽管它们的大部分活动取决于食物的来源和数量。欧洲野牛需要整天喝水。夏季有充足的水源供应，欧洲野牛并不会面临太多问题，但由于冬季缺水，它们不得不靠吃雪解渴。

不同种群

雌性欧洲野牛生活在由20~30头野牛组成的群体中。牛群会在一起吃草，四处走动和休息。只要稍有危险迹象，它们就会互相提醒。雄性和雌性欧洲野牛生活在不同的群体中，只有在交配季节才会聚在一起。在交配季节，雄性野牛会互相争斗，它们会把头和牛角撞在一起，发出大声的吼叫以赢得雌性野牛。欧洲野牛的叫声太大了，哪怕在4.8千米以外，都能听到！

动物档案

欧洲野牛

体　长： 2 ~3.5 米

体　重： 300 ~1000 千克

寿　命： 约20 年

天　敌： 狼和山猫

饮　食： 树叶、嫩芽和浆果

保护状态： 易危

数　量： 不足5 000 头

◀ 野牛是食草动物，它们用舌头和下牙咬住青草和树叶。

赤 鹿

赤鹿是世界上最大的鹿种之一，也是英国最大的鹿种。它以其深红色的夏季毛色而得名。这种敏捷的动物喜欢生活在世界各地的温带森林里。

▲ 请看赤鹿那华丽的分叉鹿角。鹿角组成一个王冠的形状，使赤鹿看起来像森林之王。

吃草的鹿

赤鹿是一种大型有蹄动物，大部分时间都在吃草。它是一种反刍动物，意思是它的消化系统通过反刍，帮助身体消化那些不能利用的食物。赤鹿步态优雅，能轻松地长距离慢跑。它也很会游泳。赤鹿有不同的种类。科西嘉赤鹿体形最小，东欧赤鹿体形最大。

动物档案

赤鹿

体　长：1.5～2.5米

体　重：120～240千克

寿　命：10～15年

天　敌：狐狸、鹰和人类

饮　食：树木、灌木和草

保护状态：低危

估计数量：9 000 000只

▶ 请看这只公赤鹿新长出的鹿角上天鹅绒般的皮毛。它们将在8月底脱落或被擦掉，鹿角将为求爱之战做好准备。

皮毛和鹿角

赤鹿的皮毛颜色随季节而变化。在夏天，它身上的皮毛是深红色或者棕色的，腹部和大腿内侧是浅奶油色的。冬天，皮毛会变成深棕色或灰色。小赤鹿的皮毛在出生时有斑点，但两个月之内就会消失。雄赤鹿长着许多分叉且有尖头的华丽鹿角。鹿角在春天生长，在每年冬季结束时脱落。新鹿角在刚长出来的时候覆盖着一层天鹅绒般的毛发，当鹿角长成之后就会脱落。

群居生活

雄赤鹿和雌赤鹿在不同的群体中生活。雄赤鹿生活在雄鹿群中，尤其是当它们鹿角脱落的时候，需要生活在大的群体中以保护自己。当鹿群中其他成员在进食和休息的时候，会有一只或多只鹿警惕着周围的危险。刚出生的小赤鹿会留在雌性鹿群中，而雌性鹿群可能由多达50只的鹿组成。小赤鹿被藏在鹿群中，由最强壮的雌鹿来领导并保护鹿群。雄鹿和雌鹿只在交配时才会聚在一起。

麋　鹿

麋鹿是鹿家族中的第二大成员。它们在欧洲被称为驼鹿，在北美的部分地区被称为麋鹿。麋鹿在美洲本土的克里语中是白色臀部的意思，麋鹿正是得名于它浅黄色的臀部。

家族特征

麋鹿看起来像赤鹿。它们的颜色从冬天的深棕色变成温暖月份的浅棕褐色。头部、颈部和腹部的颜色要比身体其他部位的颜色深。麋鹿的头很长，长着大大的耳朵和宽宽的鹿角。只有雄鹿才长鹿角，鹿角能长到1.5米长，在头顶上呈现出王冠的形状。麋鹿身体粗壮，尾巴短，腿长，雄鹿的体形更大，体重几乎是雌鹿的2倍。

▶ 麋鹿是很吵的动物。刚出生的小麋鹿会咩咩地叫，雌鹿会发出吠叫声，雄鹿会发出怒吼声。它们就是用这些声音彼此进行交流。

群体战斗

当被大型动物攻击时，雄麋鹿的鹿角和它们强壮的前腿能够自卫。只有当鹿角脱落时，雄麋鹿才会组成鹿群，这使它们能够共同击退捕食者。当鹿群吃草的时候，鹿群中会有一两个成员负责守卫。新生的小鹿生活在雌鹿群中。当遭到捕食者的攻击时，体形最大的雌鹿会站在鹿群最前面，试图用有力的腿击退捕食者。麋鹿常见的天敌有狼、豺、美洲狮和熊。

麋鹿会在清晨和傍晚觅食。

动物档案

麋鹿

体　　长：1.7 ~ 2.17 米

体　　重：120 ~ 180 千克

寿　　命：20 ~ 25 年

天　　敌：美洲狮、狼和熊

饮　　食：树木、灌木和草

保护状态：野外灭绝

估计数量：1 000 000 只

团体旅行者

麋鹿喜欢生活在半开放的森林、林地和山谷中，经常长途跋涉去寻找食物。它们在夏季会停留在海拔较高的地方，而在冬季前往海拔较低的地区，以躲避寒冷并寻找食物。这种方式被称为海拔迁移。麋鹿是夜行动物，主要以树木、灌木和草为食。它们也是反刍动物，吃有助于消化的反刍食物。这些群居动物过着群体生活。在食物充足的夏季，它们会成群结队地迁移，鹿群中大约会有400只麋鹿。

在交配季节，一只雄鹿会与多达12 只的雌鹿交配。

▲ 灰狼通过各种声音来彼此进行交流。它们会发出咆哮声、吠叫声、嚎叫声和哀鸣声。

灰 狼

灰狼属于犬科，是最大的犬科动物。灰狼是食肉动物，也被称为森林狼。

变色

灰狼通常是灰色或棕色的，它们出没于亚欧大陆和北美的大部分地区。灰狼的颜色也会因其所在的地区不同而有所差异。生活在北极的灰狼，毛发为鲜明的白色，而在靠近阿拉斯加的地区，灰狼有着深色的皮毛。这种动物很容易适应不同的栖息地，它们出没于苔原、开阔的林地和森林中。灰狼的体重也会因栖息地的不同而不同。

成群结伙

灰狼是群居动物，每群灰狼有5～9只。狼群通常由父母和子女组成。通常情况下，公狼掌管狼群，母狼只有在公狼去世或生病时才会接手。灰狼每年有两个主要的时期——静止期和游牧期。静止期出现在春季和夏季，父母在这个阶段将幼狼抚养长大。游牧期出现在秋冬季节，灰狼会长途跋涉到新的地方寻找食物。

动物档案

灰狼

体　　长：1.0～1.6米

体　　重：16～70千克

寿　　命：5～10年

天　　敌：其他狼和豺

饮　　食：野牛、驯鹿、麝牛和麋鹿

保护状态：低危

估计数量：不足20 000只

▲ 灰狼对它们的家庭表现出深厚的感情，甚至可能为保护家庭而牺牲自己。

食肉动物

灰狼是食肉动物。它们或者独自猎食，或者成群猎食，还经常从其他动物那里偷猎物。由于所处位置和猎物的种类不同，灰狼的食谱也不尽相同。它们会成群捕猎，攻击麋鹿、野牛、麝牛和驯鹿等大型动物。灰狼还会向那些体弱和年老的大型动物发起攻击，一顿饭就能吃掉9千克肉。它们能凭一己之力，杀死像海狸和兔子这样的小动物。

▶ 灰狼通常会捕食它们遇到的生病、体弱和年老的动物，因为它们很容易被捕获！

◀"冬季毛发"能让赤狐在严冬中保持温暖。这些毛发会在立春时脱落。

赤 狐

在许多不同的栖息地，如林地、森林、草原、山脉甚至沙漠中，都可以发现赤狐的身影。它们也能适应人类的居住环境，出没在农场和城市附近。

狡猾的狐狸

除了冰岛，在欧洲各地都能发现赤狐。它们也出没于加拿大、美国、东南亚和澳大利亚。赤狐是一种聪明的动物，有着大大的耳朵和毛茸茸的长尾巴。它们主要在夜间活动，在黄昏和夜晚捕食。赤狐是独来独往的猎手，很少成群狩猎。它们以草、水果、浆果、小鸟、哺乳动物甚至昆虫为食。它们即使饱了也要去猎食，会把食物藏起来，留着以后再吃。

锈红色的犬科动物

赤狐属于犬科，因为身上的锈红色皮毛而得名。赤狐的腹部是白色的，它们的皮毛颜色会从深红色变化到金色，近距离观察时，毛发上甚至有黑色、红色和白色的条纹。赤狐又长又密的尾巴能使它们的身体保持平衡，帮助它们跳跃。它们在捕食的时候跑得很快，时速可达72千米。秋天来临时，赤狐会长出一层被称为"冬季毛发"的皮毛。

巢穴之王

每只赤狐都有自己的领地，面积可达50平方千米。在一片领地内会有几个巢穴。赤狐在冬季会使用一个大的主穴，而用较小的巢穴喂养小狐狸并储存食物。有多条小通道将所有较小的洞穴和主穴连接。

▶ 赤狐会跟踪它的猎物，就像只大猫一样，当离猎物足够近时，它会发动突然袭击，一下抓住猎物。

▼ 赤狐幼崽在出生两周后会睁开眼睛，在它们一个月大时才会走出巢穴。

动物档案

赤狐

体　　长：62 ~ 72厘米

体　　重：5 ~ 7千克

寿　　命：12 ~ 14年

天　　敌：人类、鹰、狮子、狼、熊和豺

饮　　食：水果、草、小型哺乳动物和鸟类

保护状态：低危

估计数量：数百万只

◀ 猞猁是个好猎手，它在扑向猎物之前，会先跟踪和伏击猎物。

猞 猁

猞猁是一种体形中等的野猫。和所有猫科动物一样，猞猁是凶猛的猎手。世界上主要有四种猞猁：加拿大猞猁、欧亚猞猁、伊比利亚猞猁和山猫。

伊比利亚猞猁

伊比利亚猞猁出没于由开阔的林地、灌木和牧场组成的山区地带，这些地区有相当多的野兔，而野兔正是它们的主要猎物。它们喜欢夜里在牧场狩猎，白天则喜欢在开阔的林地和灌木丛中休息。它们与欧亚猞猁很相似，但它们浅色的、棕黄相间的皮毛上会有明显的豹纹。雄性猞猁每天吃一只兔子，而雌性猞猁和幼崽每天会吃掉三只兔子！

猫科动物的表亲

猞猁生活在林地和高海拔的森林里，那里生长着大量的灌木、芦苇和草。猞猁有一条短尾巴，耳朵上还有一簇黑色毛发，这使得它们很容易被辨认出来。它们脖子下面有一小片毛发，脸上有长长的胡须。大大的、长着软垫的爪子能帮它们在高海拔地区的雪地上行走。猞猁的行为特征与豹子相似，它们还是非常好的游泳者和敏捷的攀爬者。

◀ 与所有猞猁一样，伊比利亚猞猁也是夜行动物。不过冬季的时候，它们倾向于在白天捕猎。

▲灵活的欧亚猞猁能捕获3~4倍于自身大小的猎物！

欧亚猞猁

欧亚猞猁出没于欧洲和西伯利亚。它们生活在高山和林地中，并在树上度过了相当多的时间。冬天，这些猫科动物并不会冬眠。它们用毛茸茸的脚掌当雪鞋穿，它们那柔软而厚实的黄色皮毛在冬天也会变得更厚、更白。这些食肉动物有着锋利的牙齿，能深深咬进猎物的脖子，并杀死猎物。

动物档案

欧亚猞猁

体　　长：80 ~ 130厘米
体　　重：15 ~ 30千克
寿　　命：12 ~ 15年
天　　敌：狼和老虎
饮　　食：穴兔、鹿、野兔、鸟、松鼠和狐狸
保护状态：低危

穴兔和野兔

欧洲的林地里常看见穴兔和野兔这样的小动物在蹦蹦跳跳。它们是生活在这个栖息地上的食肉动物的重要食物来源。

◀ 棕兔是一种优雅的运动健将。它们与其他兔子的区别在于其体形更大，腿和耳朵也更长。

欧洲土著

穴兔原产于南欧。这是一种灰褐色的小型哺乳动物，有四颗锋利的门牙，终其一生，它的门牙一直在生长。这些兔子的后腿很长，毛茸茸的尾巴很短，它们总是跳来跳去，动作轻快。穴兔也因其挖掘的洞穴网而闻名，这种网被称为兔穴。穴兔白天大部分时间都待在里面，主要在晚上出来活动。穴兔是一种食草动物，以草为食。

欧洲表亲

除了爱尔兰，在欧洲各地都能看到棕兔，它们还被称为欧洲野兔，也出没于亚洲和非洲。这些野兔喜欢在开阔的田野和林地生活，通常靠近农田。棕色野兔是独居和安静的动物，主要在夜间活动。它们还有很好的视觉和嗅觉，能以35千米/小时的速度奔跑，以避免被猎食者捕获。它们还是游泳好手。

▲ 穴兔的后脚上有一层毛垫，能在它们跳跃时起到缓冲的作用。

动物档案

穴兔

体　　长：34 ~ 45 厘米

体　　重：1.3 ~ 2.2 千克

寿　　命：约9 年

天　　敌：猞猁和老鹰

饮　　食：青草、三叶草和香草

保护状态：近危

雪兔

雪兔在欧洲有三种栖息地：苔原、森林以及苏格兰和爱尔兰的开阔林地。雪兔的皮毛随着季节而变色，在夏天是棕色的，但在冬天会换毛，长出更厚重的白色皮毛。在冬季的几个月中，这种毛色能让雪兔伪装自己，使它融入周围白雪皑皑的环境。

▼ 雪兔的冬衣也能起到隔寒作用，让它保持身体温暖。

松鼠

松鼠是世界上最常见的哺乳动物之一。它们大致可分为三种：树松鼠、地松鼠和鼯鼠。

树上、地上和空中

松鼠是一种中等大小的啮齿类动物，世界各地几乎都有它们的身影。它们吃富含蛋白质、碳水化合物和脂肪的食物。对松鼠来说，春天是最糟糕的季节，因为它们的主要食物是埋在地下的种子和坚果，每年这个时候种子和坚果会开始发芽，这就让它们几乎没有什么可吃的。在这段时间里，松鼠不得不高度依赖小树芽来弥补食物的匮乏。地松鼠和树松鼠在白天活动，而鼯鼠通常在天黑后才活动。

穿红外套的啮齿动物

红松鼠是一种树松鼠，主要生活在亚洲和欧洲的针叶林和温带阔叶林中。正如它的名字所暗示的，红松鼠身穿一件红色外套，但是它的颜色经常会根据生活的地方不同而变化。它们一年换两次毛，分别在夏天和冬天。它们的皮毛在夏天比较薄，而在冬天比较厚，颜色也比较深。

▶ 红松鼠是一种害羞的独居动物，它们只有在冬天才会成群生活，彼此取暖。

◀ 东部灰松鼠通过各种声音和姿势来进行交流，比如摇尾巴。

动物档案

欧亚红松鼠

体　　长：19～23厘米

体　　重：250～340克

寿　　命：约3年

天　　敌：野猫、猫头鹰和赤狐

饮　　食：种子、浆果、灌木和菌类

保护状态：低危

灰色的聚集

东部灰松鼠最早生活在加拿大和北美，后来被带到欧洲，现在它被认为是一种有害的生物，对红松鼠的数量有负面影响。这些松鼠身穿灰色的毛皮大衣，身上略带红色，腹部为白色。它们只储存少量食物，在几小时后就会把食物取出，然后重新埋在安全的地方。东部灰松鼠用干树叶和树枝在树上筑巢。

▲ 受攻击的时候，豪猪会把身上的刺展开。

豪　猪

豪猪是独特的夜行啮齿类动物。它们的皮毛上覆盖着锋利的刺，法文“*porc d’epine*”，意思就是带刺的猪肉，豪猪也因此得名。

夺命的毛刺

豪猪是世界上第四大啮齿动物。这种动物身上多刺，很容易被认出来。刺是一种经过修饰的毛，在不同种类的豪猪身上呈现出不同的形态。大多数种类的豪猪身上平均有30 000根刺。这些刺能帮它们抵御捕食者。它的尖刺长约7.5厘米，对捕食者而言也是致命的。

钝刺

非洲冕豪猪出没于意大利、西西里岛和北非，也被称为欧洲豪猪。它们生活在森林、开阔的林地、山区甚至沙漠中。除了头部和颈部的一条白色脊峰，这种动物全身都覆盖着黑色的刚毛。一旦受到威胁，它们会先挺起脊椎，跺着脚，然后朝后方跑向攻击者！

▶ 受到威胁时，冕豪猪会跺着脚，咆哮着发出咕哝声。它们还会摇动身上的毛刺，发出“嘎嘎”的声音来警告捕食者！

家族洞穴

冕豪猪成双成对地生活，与家人共享同一个复杂的洞穴系统。雌豪猪只在生育和抚养幼崽的时候，才会在其他的洞穴里生活。它们具有很强的领地意识。这些豪猪可能不会爬树，但却是非常好的游泳选手。它们不会冬眠，但冬天会在窝里待很长时间来保暖。它们是食草动物，吃树皮、树根、掉落的果实，甚至是种植的农作物。冕豪猪很少吃昆虫，但为了磨利门牙，会经常啃骨头。

动物档案

非洲冕豪猪

体　　长：60 ~ 90厘米

体　　重：10 ~ 30千克

寿　　命：5 ~ 10年

天　　敌：狮子、豹和鬣狗

饮　　食：树皮、树根和果实

保护状态：低危

◀ 体长70厘米的非洲冕豪猪，是世界上体形最大的豪猪！

蛇

欧洲林地上的草地和灌木丛是包括蛇在内的一系列爬行动物的家园。有些蛇是有毒蛇，但大多数蛇害怕人类，而且完全是无害的。

普通而致命

蝰蛇常见于澳大利亚的林地和森林，它是毒性最强的蛇之一。由于它的毒性，这种蛇也被称为南部棘蛇。这些蛇生活在林地、开阔的沼泽和荒野之中，喜欢在植被茂密的地方藏身。蝰蛇寿命很长，在野外可以存活10～15年。它们是独居动物，除了交配季节，很少发现与其他蝰蛇在一起。蝰蛇是夜行动物，在太阳下山后才去觅食。蝰蛇在9月和10月开始冬眠，这时它们会躲进其他动物的洞穴里。

▶ 有些蛇会抖动尾巴吸引猎物靠近，然后用尖牙发起攻击，并将毒液注入猎物体内。

光滑的猎手

方花蛇出没于欧洲北部和中部，北至伊朗北部地区。由于外表相似，人们常把它误认为蝰蛇。方花蛇是一种细长的无毒蛇，通常为灰褐色。它身体表面也有两排棕色和黑色的斑点。因为大部分时间都待在地下，这些蛇很难被发现。

欧洲毒药

欧洲蝰蛇是出没于欧洲西南部的另一种剧毒蛇。这些蛇有宽宽的三角形脑袋，还有形状明显的鼻子，很容易被认出来。这些蛇需要待在温暖的地方，以便接触到阳光和干燥的土壤。欧洲蝰蛇主要以小型蛇和蜥蜴为食，沙蜥是最受它们欢迎的食物。

动物档案

极北蝰

体　长：50～80厘米

体　重：20～170克

寿　命：10～15年

天　敌：狐狸、獾和猛禽

饮　食：小型哺乳动物、蜥蜴、鸟类和青蛙

保护状态：低危

▼ 大多数的蛇都不具有攻击性，但如果被激怒，它们会迅速发起攻击，在它们晒太阳的时候尤为如此。

蝎　子

蝎子是一种长着八条腿的有毒动物。除了南极洲和新西兰，它们的踪迹遍布世界各地。

八腿毒药

蝎子有着长长的身体，尾巴尖上有一根刺。在全世界2 000种蝎子中，只有25种蝎子有剧毒，但这些蝎子的毒刺却是致命的。虽然蝎子通常生活在温暖的环境中，但它们已经适应了不同的生存环境，包括平原、森林、林地、沙漠、山脉和洞穴。

▲ 黄尾蝎可能看起来很危险，但它的毒液却对人类无害。

黑色毒液

这种被称为“黄尾蝎”的蝎子生活在海拔500米以下的欧洲地区。它黑色的身体主要由两部分组成——头胸和腹部。尾巴属于腹部的一部分，顶端有刺。蝎子的身体上长着短小的毛发，这些毛发起到传感器的作用，帮助蝎子探测周围环境中的潜在威胁。

◀ 蝎子与蜘蛛、螨虫、蜱虫关系密切。

动物档案

欧洲黄尾蝎

体　　长：3.5 ~4.5 厘米

体　　重：10 ~100 克

寿　　命：3 ~20 年

天　　敌：鼩鼱、老鼠和蝙蝠

饮　　食：昆虫、蜘蛛和蜈蚣

保护状态：低危

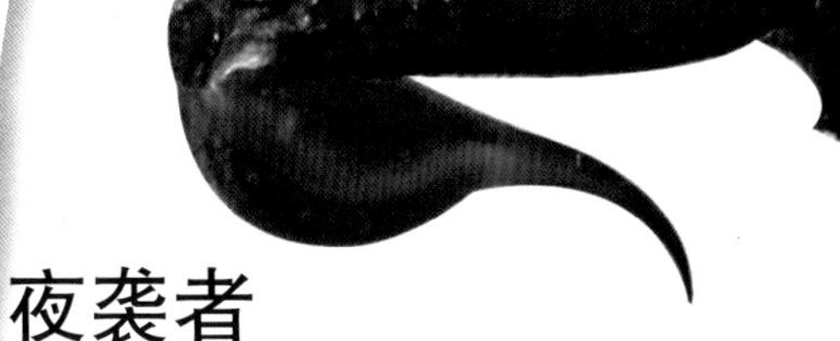

夜袭者

蝎子是夜行动物，只在黄昏来临的时候才会从藏身之处出来捕食。它们静静地躺着，等猎物靠近时，就会蜇猎物。蝎子以各种昆虫为食，包括蜘蛛、蜈蚣，甚至更小的蝎子。大蝎子也吃小蛇、蜥蜴和老鼠。蝎子用毒液杀死猎物，同时也保护自己免受捕食者的伤害。它们能够根据猎物的大小，控制注射进猎物体内毒液的量。

▼ 蝎子嘴部有伸出的小爪状结构，能帮助它们进食。

鹰

鹰是大型猛禽，主要分布在欧洲、亚洲和非洲这三大洲的部分地区。不同于其他猛禽，它们的体形更大，身体更强壮，头部和喙也更重。

◀金雕用它们弯曲的大喙，把猎物身上的肉撕扯下来。

金色的披肩

金雕生活在开阔和半开阔地区。包括欧洲、亚洲、北非和北美这些地方的草原、林地，甚至针叶林。这些强健有力的大鸟以其引人注目的外表而闻名。它们有深色的羽毛，头顶和颈背都是金色的。金雕成双成对地捕食。它们的利爪无比锋利有力，能用这双利爪轻而易举地捕杀并携带猎物。

小危险

伯内利鹰是一种体形中等的鹰，它们分布在欧洲、非洲，以及南亚和印度尼西亚的部分地区。这种鹰常出没于林地和森林边缘。它们身体的上半部分是深棕色的，而下半部分有浅黑色的条纹。它们以各种活的猎物为食，通常会从树上快速俯冲下来，用爪子抓住猎物。

近亲

御雕与金雕非常相似，但体形较小，力量也较小。御雕生活在林地和山林里，甚至生活在欧洲、西亚和中亚的河岸上。众所周知，御雕是一种独居的鸟。不过，在迁徙过程中，尽管这些鸟独自开始旅程，但它们倾向于加入群体，与一群鸟一起飞到温暖的陆地上。

动物档案

金雕

体　长：66 ~ 102 厘米

翼　展：1.8 ~ 2.4 米

体　重：3 ~ 6 千克

寿　命：约30 年

天　敌：狼獾和熊

饮　食：小型哺乳动物、兔子和松鼠

保护状态：低危

估计数量：100 000 ~ 200 000 只

猫头鹰

猫头鹰是在林地中发现的最迷人的动物之一。它们白天睡觉，晚上捕食。

强大而有力

雕鸮是欧洲体形最大的、最强有力的猫头鹰。人们能够通过它们的橙色眼睛和突出的棕黑色耳簇认出它们。猫头鹰天性喜欢独处，领地意识极强，保护自己的领地不受其他鸟类和猫头鹰的侵害。除非在黑暗的夜晚寻找食物，否则这些大猫头鹰不会离开它们的领地。虽然它们生活在林地、针叶林甚至沙漠中，但是这些鸟很难被发现，因为它们会在树的高处筑巢，只有在天黑之后才变得活跃起来。

夜晚的梳妆台

世界上大约有200种猫头鹰，每一种都不一样。不过，所有的猫头鹰都有个大脑袋，以及大大的眼睛和鹰一样的喙。猫头鹰的双目虽然都有视觉，但它们的眼睛固定在眼窝里，并不能独立活动。这就是为什么它们的头会一直旋转，这样它们就可以很好地观察猎物和捕食者。猫头鹰是远视眼，它们看不清近处的物体。

▲雕鸮是所有猫头鹰中体形最大的，它的翼展可达200厘米！

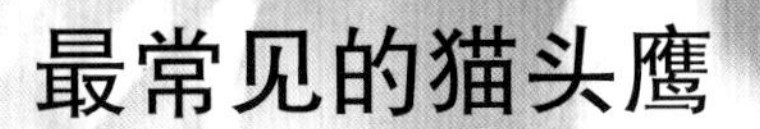

最常见的猫头鹰

灰林鸮是欧洲最常见的猫头鹰。它们栗棕色的羽毛上有着棕黑相间的条纹，很容易被人认出来。这些猫头鹰也具有很强的领地意识，会连续几年以一个基地为家。在开阔的林地和城市地区都能见到这些鸟，它们的饮食取决于所处的地点和食物的供应。

▶ 众所周知，灰林鸮在保护自己的巢穴时非常凶猛。

动物档案

雕鸮

体　　长：56～75 厘米

翼　　展：131～188 厘米

体　　重：1.22～3.2 千克

寿　　命：约20 年

威　　胁：人类

猎　　物：小型哺乳动物、鸟类、狐狸和鹿

保护状态：低危

◀ 像所有的猎鹰一样，游隼在飞行中非常敏捷，尤其是在捕捉猎物的时候。

其他林地动物

欧洲的林地还是许多其他鸟类的家园。比如游隼这样的大型猛禽，还有绿啄木鸟、朱雀这样的其他林地鸟类也在这里栖息。

强有力的猛禽

游隼是一种体形庞大、力量强大的鸟类，它们的翅膀尖长而宽大，尾巴相对较短。俯瞰时，它们是蓝灰色的，胸部有白色斑点。它们白白的脸上长着黑色的小胡子。游隼是地球上分布最广的鸟类之一，除了南极洲，在每个大陆都能找到它们。它们在开阔的林地、森林、山区和河谷中筑巢。雌游隼通常比雄游隼体形大。这种鸟是强大的捕食者，经常从空中以高速俯冲下来，捕获猎物。

动物档案

游隼

体　　长：约40 厘米
翼　　展：80 ~ 120 厘米
体　　重：647 ~ 825 克
寿　　命：10 ~ 20 年
威　　胁：人类
猎　　物：小型鸟类和哺乳动物
保护状态：低危

▲ 雄性朱雀有明亮的玫瑰色的头部和胸部，而雌性朱雀则相貌平平，身体呈黄褐色。

对比色

朱雀和凤头百灵鸟是另外两种在欧洲常见的鸟类。凤头百灵鸟是一种非候鸟，常见于欧洲空旷而干燥的乡下。它是一种比云雀更大、更丰满的鸟，身上有更明显的灰白色羽毛。朱雀遍布欧洲和亚洲部分地区。它是一种色彩比较鲜艳的鸟，有着深红色的头部和身体，以及深棕色的翅膀和白色的腹部。夏天，朱雀出没于溪流和林地附近，而在冬天，它们则活跃在花园和干橡树林地附近。

绿啄木鸟

绿啄木鸟是啄木鸟家族的一员，生活在欧洲和亚洲的阔叶林中。事实上，它是英国体形最大的啄木鸟。这种鸟身体上的羽毛是绿色的，颈部有着深红色的披风，眼睛周围有黑色的斑点，出没于拥有大量古树的开阔的乡村地带。绿啄木鸟啄食木头，它用长长的舌头快速一弹，就把昆虫拉了出来。它在啄食木头时能发出一种特殊的声音。它响亮的笑声也为自己赢得了“绿啄木鸟”的绰号。

▶ 绿啄木鸟喜欢吃蚂蚁，它会飞到离树很远的地方寻找蚁冢。

飞蛾和蝴蝶

欧洲的林地也是许多美丽的蝴蝶和飞蛾的家园。这是因为林地里有丰富的蕨类植物、草类、灌木和开花植物。

◀ 毒舞蛾通常出没于橡树林中，但也能在针叶树和松树林中发现它们的踪迹。

舞毒蛾

舞毒蛾遍布欧洲的林地，它起源于欧洲和亚洲，后来被引入北美。这些蛾子在日间活动，不像大多数其他只在夜间活动的蛾子。雌舞毒蛾在树枝和树干上大量产卵。雌蛾在七八月份产卵后，雄蛾和雌蛾都会死去。卵在生下来时是浅黄色的，但由于阳光的照射，颜色会慢慢改变。为了保护卵，雌舞毒蛾会用腹部分泌的毛发状分泌物覆盖住卵。

成蝶的风采

庆网蛱蝶是一种生活在欧洲和亚洲的蝴蝶。虽然这种蝴蝶有漂亮的橙色图案，但它一生大部分时间都以黑色毛毛虫的形象度过，只有几周时间是作为蝴蝶度过的。雌蝶产卵后，以金凤花和其他花朵为食，吮吸花蜜。这种花蜜很快就能帮助雌蝶再次产卵。雌蝶第二次产卵之后就会死去。

▲ 和所有蝴蝶一样，庆网蛱蝶用它的口器从花朵中吮吸花蜜。

大而多彩

燕尾蝶是一种体形较大、色彩鲜艳的蝴蝶，它生活在除了南极洲的所有大陆上的开阔林地中。在某些方面，燕尾蝶与其他蝴蝶不同。它在还是毛毛虫的时候，头部后面有一个叫作“Y头腺”的独特器官，受到威胁时，“Y头腺”会分泌一种带臭味的物质。成年燕尾蝶的翅膀尖端长得像尾巴一样，燕尾蝶也因此而得名。

动物档案

庆网蛱蝶

体　　长：约2.5 厘米

翼　　展：约5 厘米

体　　重：约0.04 克

寿　　命：约12 个月

威　　胁：蜘蛛

饮　　食：花蜜

保护状态：濒危

▲ 全世界有超过500 种燕尾蝶！

保护林地

在技术和工业化方面，世界在进步。然而，人类许多的“进步”实际上对周围植物和动物的生活造成了负面影响。

▼ 伐木——砍伐树木用作木柴，或制造家具——正在掠夺林地动物的家园。

绿色植物去哪儿了?

栖息地是指所有的动植物在不受外界干扰的情况下，生存和成长的地方。然而几个世纪以来，为了给人类让路并满足人类的各种需求，森林被大量砍伐。欧洲的乡村曾经拥有丰富的野生开花植物和灌木，而今天，这些林地中有许多地方要么被清除，以便为工厂让路，要么被开垦成牧场，供牛和其他家畜使用。用于制造工业牧场而大量使用的化肥和杀虫剂也导致了自然植物种群的衰减。

没有动物群了

大量自然栖息地的丧失，导致欧洲野生动物急剧减少。因此，欧洲大陆的许多本土动物现在面临着灭绝的威胁，并被列为濒危物种。狩猎是欧洲的主要运动之一，它也是造成这种状况的直接原因。许多欧洲的林地动物因为人类的狩猎、游乐和贸易而面临着灭绝的处境。

▲ 即使在今天，仍然有人为了毛皮和骨头非法猎杀许多林地动物。

全球变暖

随着林地以惊人的速度被砍伐，二氧化碳等被排放到大气中的有害气体没有足够的树木来吸收。所以，大气中这些气体的含量正在增加，从而导致全球变暖。这反过来又会使地球表面的温度显著上升。这种情况造成的潜在后果就是会发生洪水、干旱和更极端的风暴。气温上升也会导致极地冰盖的融化，引起海平面上升，这会造成土地的流失，进而导致动植物的毁灭。